RAPPORT

Sur le concours pour la traduction d'Ouvrages ou Mémoires, relatifs à l'économie rurale ou domestique, écrits en langues étrangères ;

PAR

M. LE BARON DE MORTEMART-BOISSE.

Grande médaille d'argent à M. LANIER, Garde général des forêts à Sarreguemines, pour la traduction d'une notice d'Hartig sur les questions suivantes :

Quelle est l'essence de bois dont la culture est la plus avantageuse ?

Quel est le rapport du produit en argent d'une terre cultivée en forêts ou en céréales ?

(Extrait des *Mémoires de la Société royale et centrale d'Agriculture*, Année 1837.)

IMPRIMERIE DE Mme HUZARD (NÉE VALLAT LA CHAPELLE),
rue de l'Éperon, n° 7. (Octobre 1837.)

RAPPORT

Sur le concours pour la traduction d'ouvrages ou mémoires, relatifs à l'économie rurale ou domestique, écrits en langue étrangère. — Commissaires, MM. le comte DE LASTEYRIE, *le chevalier* SOULANGE BODIN, *le baron* DE MORTEMART-BOISSE, *rapporteur.*

MESSIEURS,

Votre Commission pour le *concours des traductions d'ouvrages relatifs à l'agriculture* a pris connaissance de la traduction d'un ouvrage forestier de M. le docteur *Hartig,* conseiller d'État de S. M. le roi de Prusse, grand-maître des forêts de ce royaume et professeur honoraire de l'Université de Berlin (1).

Cet ouvrage a dû fixer d'autant plus notre attention que notre opinion sur la question des forêts, leur entretien, leur exploitation, leurs produits

---

(1) M. *Hartig* est auteur des *Archives générales de chasse et de science forestière ;* ouvrage très estimé.

et leur repeuplement, est que l'Allemagne seule possède les saines doctrines à cet égard. Les forestiers français puisèrent toujours dans leurs écrits les principes les plus rationnels, et l'occupation de ce vaste pays par nos armées leur donna les moyens de recueillir les élémens pratiques qui sont encore plus précieux.

Ces principes, réunis en corps de doctrine, devinrent la base de l'École forestière fondée par le gouvernement en 1825, et se propagèrent dans toute la France, par les lumières et le zèle des élèves de cette utile école, qui, répandus aujourd'hui sur tous les points du royaume, s'appliquent à régénérer les forêts dont l'administration ou la surveillance leur est confiée.

C'est à M. *Lanier*, Garde général des forêts à Sarreguemines, qu'est due la traduction de l'ouvrage de M. *Hartig*; nous allons essayer de vous en donner une succincte analyse.

L'ouvrage de ce célèbre forestier allemand est précédé d'une préface où l'auteur pose ces questions. « Quelles sont les essences qui conviennent » le mieux pour la création ou le repeuplement des » forêts? » — «Quel est le rapport d'un arpent de » bois comparé à celui d'un champ pareil, en cul- » ture de céréales? »

Cinquante années d'occupations et de devoirs forestiers rendent l'auteur fort apte à donner la solution du problème qu'il s'était posé ; aussi le suivrons-nous le plus possible dans ses détails explicatifs.

M. *Hartig*, afin d'arriver avec certitude aux résultats qu'il proclame, a consacré de longues années à faire des expériences pour trouver le *produit certain* d'un arpent de bon terrain planté d'essence de chêne, de hêtre, de bouleau, d'aune, de pin sauvage (pin d'écosse ou pinastre) (1) et de sapin (*abies picea*).

Il commence par jardiner un arpent de chacune de ces essences de l'âge de 20 ans, en coupant toujours les brins mal venans ou étêtés ; puis il fait la même opération sur les mêmes quantités, de l'âge de 40 ans, de 60, de 80 et ainsi de suite, jusqu'à l'âge de 100 ans ; il tient note exacte des perches, des fagots, rondins, etc., et de leur produit ; il classe ensuite les brins restés debout d'après la différence appréciable de leur diamètre ; il fait, sur l'écorce de chaque brin, une petite marque qu'il répète sur un registre *ad hoc* dans la classe qu'il lui a assignée. Lorsque tous les bois sont inscrits sur ce classificateur, on totalise chaque classe, on cube après un brin de chaque classe. On garde note du cube de chaque brin des première, deuxiè-

---

(1) *Bélon*, *de arboricis Coniferis*, dit que le pinastre était appelé, dans une partie de la France, *alève*, et dans *ses remontrances d'agriculture* (Paris, 1558), il dit que cet arbre était de son temps « moult fréquent aux environs de Zurich et de Berne. »

me ou troisième classes, et de la quantité de brins de chaque classe, qui sont restés après l'éclaircie.

Enfin on estime toute la masse d'un arpent de 120 ans, et l'on trouve les produits périodiques et le produit total de chacun de ces arpens, situés sur un bon sol et dans des localités analogues. Il en est de même pour la proportion des produits, sur des terrains médiocres ou mauvais.

Cette manière d'opérer amène naturellement l'auteur à présenter des tableaux synoptiques et détaillés, où les chiffres prennent la place du raisonnement et offrent des résultats aussi clairs et plus positifs. Si la Société prend la détermination d'imprimer la traduction de M. *Lanier* à la suite de ce rapport, comme l'a proposé notre honorable confrère, M. le baron *de Ladoucette*, elle appréciera le travail du savant *Hartig* et l'exactitude consciencieuse de M. *Lanier*.

Le résumé de M. *Hartig* présente enfin un produit définitif en argent.

Il place en première ligne les bois plantés de sapin qui, dit-il, aime un sol un peu frais et un climat humide ;

En deuxième ligne et sur le même rang, le pin, le hêtre et le chêne.

L'aune et le bouleau ne rapportent, suivant l'auteur, que la moitié du produit du sapin. Il est bien entendu que toutes ces données sont relatives aux exploitations des bois en haute futaie.

En recommandant de cultiver les bois résineux, M. *Hartig* ajoute : « On objectera peut-être que les » forêts à essences feuillues donnent plutôt de bons » produits, et qu'il est préférable de posséder et » de créer de ces forêts en les aménageant en » taillis à de courtes révolutions, plutôt que de » celles uniquement de bois résineux. Je répon-» drai que, dans tous les cas, il y a avantage à » avoir des bois résineux, et je le prouverai. »

Ici l'auteur s'étend sur de trop longs et trop minutieux détails, pour qu'il soit possible de les faire entrer dans ce rapport; puis, s'attachant à des comparaisons sur divers sols et sur diverses cultures, il finit par conclure qu'un arpent de bois résineux bien conduit est d'un meilleur rap-port qu'un arpent de bois de bouleau en taillis, et qu'un arpent d'orge sur une terre de deuxième classe, quelquefois même, ajoute l'auteur, d'un pro-duit supérieur aux produits d'une terre de pre-mière classe, dans de certaines localités.

L'avantage de la culture des bois (1) est une conviction si profonde pour l'auteur, qu'il s'écrie : « Combien sont donc grandes les pertes de celui » qui, jusqu'ici, a laissé sans culture et abandonné » aux parcours le sol qui serait devenu fores-» tier ! »

----

(1) Le mot *culture* est pris ici dans toute l'étendue de son acception. Voyez *Noirot, Traité de la culture forestière.* Pa-ris, 1832.

Cette conviction est aussi celle de votre Commission. Son rapporteur a planté, depuis une vingtaine d'années, une assez grande quantité d'hectares de bois feuillus de diverses essences, sur des pentes d'environ 45 degrés, et, il doit le dire, ce n'est pas la réduction de longues années de contributions dont ses terres ont été dégrevées qui l'a flatté le plus dans cette amélioration forestière; mais c'est de voir des localités qui, auparavant, étaient stériles, sans abri contre l'ardeur du soleil, sans défense contre les orages et les torrens d'eaux pluviales, changer leur triste aspect contre une végétation d'abord lente, puis bientôt forte et vivace, qu'admirent les habitans des villages voisins. Ces bois ont déjà présenté des produits qui, sans approcher des données de M. *Hartig*, offrent cependant des résultats décuples de la valeur de ces anciennes friches, et garantissent un riche avenir.

M. *Hartig*, d'une grande admiration et d'une constante bonne foi, prévient que tous ses raisonnemens, tous ses calculs, tous leurs résultats ne se rapportent pas aux localités déjà trop boisées ou sans population; mais *ces localités sont très rares*, ajoute-t-il, *même en Allemagne*, pays généralement riche en forêts séculaires.

Après avoir prouvé la nécessité de repeupler les vides des forêts, au lieu de les mettre en pâturage ou en culture de céréales, M. *Hartig* termine par ces considérations : « Je dois dire aussi que mes » calculs sur les futaies et demi-futaies exploitables

» ne sont nullement basés, sur les produits des
» exploitations vicieuses d'aujourd'hui. Je consi-
» dère cet état de choses si loin des améliorations
» possibles, que je n'évalue pas au tiers leur pro-
» duit, comparativement à ce qu'il devrait être,
» si les forêts étaient peuplées, entretenues, amé-
» nagées comme je l'entends. »

L'ouvrage de M. *Hartig* est remarquable de por-
tée et de bonnes intentions; il l'est aussi de minutieux calculs qui prouvent que, si l'auteur pose de
grandes et larges bases pour l'éducation à venir
des forêts de la Prusse, il sait aussi, comme le plus
simple forestier, s'occuper de détails que beaucoup de propriétaires de bois regarderaient comme
puérils, mais qu'il est cependant nécessaire de suivre soi-même avec patience et persévérance, si
l'on veut apprécier la possibilité des améliorations
et connaître les avantages qui en résultent.

M. *Hartig* mérite la reconnaissance de tous les
agronomes allemands et celle des planteurs de la
France, car, alors même qu'il préconise les forêts,
il consent à faire la part des localités, de la population et des circonstances; mais, en définitive,
son essence forestière d'affection est le sapin, et
ses espérances sont qu'on créera des forêts partout
où les localités, les industries et les populations
le commanderont, et surtout des forêts d'arbres
verts.

Nous concevons, messieurs, que, dans le Nord,

où les arbres résineux existent et sont conservés de temps immémorial, pour une foule d'industries qu'ils ont presque créées ; que sur les chaînes des montagnes surtout, qui traversent l'Allemagne en tout sens, des agronomes habiles et amis de leur pays, comme M. *Hartig*, conseillent de choisir le sapin, parce que cette espèce est chez eux l'essence la plus favorable et la plus productive ; mais ces conseils ne seraient pas praticables partout, car il faut ne jamais oublier qu'il ne serait pas judicieux de ne point avoir égard aux localités, aux besoins et à la nature du terrain.

Dans un pays où les cultures sont presque toutes des cultures modèles, dans le grand-duché de Bade, votre rapporteur a remarqué que la plaine avait ses riches cultures de chanvre, ses céréales et ses prairies ; les collines, leurs vignes, leurs fruits et leurs abeilles ; enfin les montagnes escarpées, leurs belles parures d'arbres verts.

C'est ainsi qu'en conseillant de planter le plus possible de bois dans notre France, votre Société a toujours considéré : d'abord les immenses défrichemens opérés depuis 40 ans, et ensuite les terrains les plus convenables pour les repeuplemens et les essences les plus favorables aux localités.

Il n'en demeure pas moins certain, messieurs, que le langage de M. *Hartig* est sincère, sa science positive et sa voix pénétrante : il parle, avec chaleur, avec admiration, d'un art qu'il professe et qu'il pratique depuis longues années ; ses convictions se sont communiquées en Prusse, et dans quelques parties de l'Allemagne, où l'on se félicite déjà de la propagation de ses méthodes.

Nous savons aussi, nous, que les forêts donnent la prospérité aux cultures qui les entourent, car plus les rosées et les émanations atmosphériques sont abondantes, plus la végétation est riche et vigoureuse ; nous savons qu'elles préservent des vents qui glacent et détruisent souvent les récoltes ; et que tous les savans du pays, les économistes les plus célèbres, les hommes d'État les mieux intentionnés gémissent de nos défrichemens, qui ont tellement dépassé toutes les limites des besoins et de la raison, qu'on attribue à ces déboisemens surabondans les causes de notre capricieuse température, celles de la multiplication des insectes nuisibles, la disparition des sources et l'aridité de grandes parties d'un sol qui serait couvert de végétations.

Nous savons qu'il reste 8 millions d'hectares de landes, de bruyères et de marais à planter ; qu'une grande quantité de montagnes à pentes rapides, que la nature, en mère prévoyante, avait peuplées de bois magnifiques, pour servir d'abris à l'impétuosité des vents et de digues à la violence des pluies, ont été dépouillées, et qu'il faut réparer ce genre de vandalisme.

Nous savons encore qu'en Lorraine et dans d'autres départemens on vient d'établir des *fourneaux-monstres*, suivant l'expression d'un honorable député, qui, dans vingt-quatre heures, produisent *trente milliers de fonte*, au lieu de *six milliers*, mais qui, au lieu de *cinquante stères* de bois, en consomment *trois cents par jour!...*

Quant aux houilles, nous sommes encore si loin de pouvoir les faire entrer en concurrence avec nos bois, que les débats des Chambres signalent l'onéreux tribut payé par nous à l'étranger, tribut que l'abondance de nos bois ferait cesser.

Rappelons-nous, messieurs, que notre honorable confrère *Baudrillart* écrivait : « Depuis deux » siècles, le sol forestier de la France a subi une ré- » duction des deux tiers ! »

Rappelons nous aussi les nobles efforts de notre autre collègue, le baron *de Ladoucette*, pour défendre à la Chambre des Députés ce qui nous reste de cette richesse de la vieille France.

Le meilleur moyen de réparer les funestes effets de l'ignorance ou des spéculations cupides et destructives, c'est de recommander, d'encourager, de récompenser la plantation des bois.

C'est dans cette sphère d'idées que votre Commission a pensé qu'elle devait signaler le bon écrit et les bonnes intentions de M. *Hartig*, grand-maître des forêts du royaume de Prusse.

C'est aussi dans le même but qu'elle vous propose de décerner comme encouragement à M. *Lanier*, Garde général des forêts, à Sarréguemines, traducteur fidèle et commentateur habile de M. *Hartig*, la grande médaille d'argent.

Paris, le 15 février 1837.

Les Membres de la Commission :

Le baron DE MORTEMART-BOISSE, *Rapporteur;*

Le comte DE LASTEYRIE ;

Le chev^er SOULANGE BODIN.

Nota. La Société a décerné cette médaille à M. Lanier dans sa séance publique du 2 avril 1837.

OPINION DE G.-L. HARTIG,

Conseiller d'Etat, directeur général de l'Administration forestière prussienne, professeur honoraire à l'Université de Berlin, chevalier de l'ordre de l'Aigle rouge, membre de plusieurs Sociétés savantes d'Allemagne, de France et de Pologne,

SUR LES QUESTIONS SUIVANTES :

Quelle est l'essence de bois dont la culture est la plus avantageuse ?

Quel est le rapport du produit en argent d'une terre cultivée en forêt ou en céréales ?

Traduit de l'allemand par **M. Lanier**, Garde général des forêts, à Sarreguemines.

AVANT-PROPOS.

Le lecteur remarquera, sans doute, dans cet ouvrage des répétitions nombreuses ; elles appartiennent à l'original allemand et non point au traducteur, qui s'est efforcé de les faire disparaître, autant du moins que le permettait le mandat à lui imposé.

On verra aussi que les mêmes expressions reparaissent souvent ; mais le vocabulaire forestier est limité, et le langage usuel n'offrant point de synonymes aux termes techniques, je me suis vu, à regret, contraint d'employer fréquemment ceux de la science à laquelle cet écrit appartient.

Enfin, la Société royale et centrale d'agriculture, en décernant à ma version sa *grande médaille d'argent*, a bien voulu m'engager à compléter le travail de M. *Hartig*, pour ce qui regarde les *bois feuillus*. Toutefois, comme c'est là une question neuve encore, dont personne ne s'est jusqu'à présent occupé, je pense ne devoir point en entreprendre la solution avant d'avoir fait des expériences précises et recueilli des observations multipliées. Mais je me sens trop honoré du désir manifesté par la Société royale et centrale d'agriculture, pour ne pas prendre ici l'engagement de continuer ce travail; et, cet engagement, je le tiendrai.

LANIER.

INTRODUCTION.

Tout forestier sensé ou tout propriétaire de forêt, qui veut mettre en nature de bois un terrain vague, doit raisonnablement, avant de rien entreprendre, soit qu'il tente ce repeuplement par la main de l'homme, soit qu'il le confie au hasard, se faire cette question :

« Quelle est l'essence qui remplira le mieux le » but désiré et sera la plus productive? »

Le propriétaire doit aussi rechercher, avec soin, le parti le plus avantageux qu'il pourra tirer de ce vide, soit qu'il le mette en nature de bois, soit qu'il le convertisse en terres arables, en prairies ou en pâturages.

Ces questions sont d'un haut intérêt et peu de personnes sont à même de les résoudre à fond ; beaucoup de forestiers ignorent même quels avantages sont attachés à la culture de chaque essence, et quel est le rapport du produit d'une forêt à celui des terres arables ; encore moins peut-on désirer et attendre ces connaissances des propriétaires de forêts. Le plus souvent, on cultive l'essence qui se trouvait autrefois sur cette place vide, ou bien on choisit celle dont la culture est la plus économique, ou bien encore, après avoir joui du terrain et l'avoir épuisé par plusieurs récoltes de céréales, on l'abandonne au parcours des bestiaux, parce que, ne sachant pas estimer convenablement le produit en matière et en argent d'une forêt, on croit que le repeuplement en bois ne dédommagerait pas de la peine et ne couvrirait pas les frais. Il sera donc aussi agréable aux agens forestiers qu'aux propriétaires de forêts d'être mis à même, par cette courte dissertation, de donner la solution des questions posées ci-dessus, solution qui exige, en forêt, beaucoup d'expériences exactes, qu'on entreprend rarement, soit parce qu'elles sont très fatigantes, soit parce qu'on n'en a ni l'occasion ni la facilité.

Depuis cinquante ans environ, mon occupation favorite a été de faire, dans beaucoup de contrées d'Allemagne, en Prusse, dans une partie de la Pologne, (pays où m'appelaient les devoirs de ma place et que j'ai parcourus dans ce but), des expériences propres à constater :

« Combien produit de bois un arpent peuplé de
» chaque essence, admettant que, dès les premières
» années, le massif est complet et qu'on le traite
» aussi régulièrement que possible jusqu'à son ex-
» ploitabilité. »

Les résultats de ces expériences, que je faisais avec la plus scrupuleuse exactitude, je les écrivais aussitôt dans un livret à ce destiné, et, par ce moyen, j'obtins plusieurs centaines de résultats, de l'exactitude desquels je puis répondre, parce que je les ai tous trouvés moi-même.

J'ai déjà fait connaître successivement ces résultats au public, dans le septième volume de mes *Archives générales de chasse et de science forestière;* aujourd'hui je veux réunir ceux qui concernent le *chéne,* le *hêtre,* le *bouleau,* l'*aune,* le *pin,* l'*épicéa,* afin que chacun voie clairement les avantages que procure la culture de chacune de ces essences. Ma maxime ayant toujours été de ne donner au public que mes expériences propres, j'y resterai fidèle encore cette fois.

CHAPITRE Ier.

Des expériences à faire pour trouver combien, avec
un traitement convenable, chaque essence pro-

duit de bois , sur un arpent de bon terrain , de période en période , et , en somme, pendant une révolution donnée de 120 ans , par exemple; ou des produits, en matière, de chaque essence. (Note 1re, voir à la fin du Mémoire.)

Il n'y a qu'un moyen sûr de trouver combien de bois produit successivement, et jusqu'à ce que le massif soit exploitable, un arpent de forêt bien peuplé et traité convenablement ; ce moyen consiste à faire, dans la forêt même, les expériences nécessaires et à s'y prendre de la manière suivante :

Dans un jeune canton de pins, bien peuplé, où l'on voit que l'extraction des brins dominés serait avantageuse pour les perches les mieux venantes, on fait mesurer un arpent exactement et l'on y fait une éclaircie d'après les règles de l'économie forestière ; c'est à dire qu'on laisse sur pied toutes les perches dominantes, dont les cimes forment le massif supérieur, et qu'on coupe tous les brins dépérissans ou surmontés. On fait lier ces brins par bottes et façonner en fagots ou fascines, et l'on prend note du produit de cette exploitation. On classe ensuite les perches restees sur pied, d'après la différence appréciable de leur diamètre ; on fait, sur l'écorce de chacune d'elles, une petite marque qui ne puisse pas leur causer de dommage, et on l'inscrit sur le calepin, dans la classe qui lui convient. Dès que cette opération est terminée, on fait, pour chaque classe, la récapitulation des perches qui y sont inscrites, puis on cube une perche de chaque classe; on note, sur le calepin, ces divers cubes de 1re, 2e et 3e classe, et combien de perches de chaque classe sont restées après l'éclaircie.

Supposons que le massif de pins éclairci soit âgé de vingt ans; on en cherche un autre plus âgé, de quarante ans, par exemple, à une situation semblable et sur un terrain aussi bon que le premier, et sur lequel croissent, par arpent, autant de perches, à peu de chose près, qu'il en a été réservé dans le massif de vingt ans. Dans ce massif de quarante ans, on fait, sur une étendue d'un arpent, une éclaircie ordinaire, c'est à dire qu'on fait couper toutes les perches sans cime, et façonner en fagots ou en cordes de rondeur le bois qui en provient; cela fait, on classe et on compte les perches restées sur pied; on tient note tant du produit des perches coupées que du nombre et du cube de celles réservées, en adoptant la classification indiquée plus haut.

On fait les mêmes expériences dans des massifs de soixante, quatre-vingts et cent ans; enfin on estime toute la masse exploitable d'une futaie de cent vingt ans, dans laquelle on trouverait, par arpent, autant d'arbres qu'on en a réservé dans le canton éclairci à cent ans.

Ces expériences feront connaître tant les produits périodiques que le produit total d'un arpent de forêt situé sur un bon sol, bien peuplé et bien traité.

On trouvera, en opérant, que les résultats des expériences correspondantes sont toujours plus ou moins différens ; il est, par conséquent, nécessaire de répéter aussi souvent que possible ces expériences correspondantes, et d'en prendre les moyennes, qui alors approcheront très près de la vérité.

On opère de la même manière pour connaître le produit en bois sur un terrain médiocre et sur un terrain de mauvaise qualité. Pour le but que je me propose, il suffit de supposer pour chaque essence une situation convenable et un bon sol. Je dois cependant faire observer que, dans le rapprochement des résultats trouvés dans différens pays, j'ai eu égard non seulement à la même qualité de terrain, mais encore à la ressemblance du climat et de la situation, et que j'ai pris des moyennes qui approcheront de la vérité autant que les circonstances l'ont permis. S'il arrive qu'en vérifiant mes résultats on en trouve, par une seule expérience, de très différens dans différens pays, j'insisterai pour qu'on en fasse un grand nombre et qu'on en prenne la moyenne : on verra alors que nos estimations sont bien établies et qu'elles approchent de la réalité autant que le permet la complication des circonstances ; car on ne trouvera jamais de résultats parfaitement égaux lors même qu'on répéterait les mêmes expériences sur différentes places dans le même massif, quelque parfaitement égal qu'il puisse d'ailleurs paraître; ainsi, quoiqu'on approche de très près de la vérité en prenant la moyenne d'un grand nombre d'expériences, il ne faut pas s'attendre à une exactitude mathématique.

Comme un propriétaire de forêt désire toujours tirer un revenu d'une jeune forêt le plus tôt possible, j'ai supposé ses éclaircies faites d'aussi bonne heure et aussi productives que cela peut être sans nuire au massif réservé ou dominant. Cependant j'ai toujours supposé que, dans chaque éclaircie, on devait réserver jusqu'à l'exploitabilité les perches de 1re et 2e classe dont le nombre ne serait, par conséquent, pas sensiblement diminué. Quant aux perches de 3e classe, déjà à moitié dominées, j'en ai fait faire une extraction plus complète que je ne l'avais jusqu'à présent conseillé, dans le but de favoriser d'autant plus la croissance des perches réservées. Ainsi, dans mes anciennes tables d'expériences, je conseillai de laisser après l'éclaircie, sur un arpent de Prusse, dans un massif de pins de quarante ans, sur un bon sol de sable :

150 perches de 1re classe.
150 perches de 2e classe.
500 perches de 3e classe.

Aujourd'hui je ne conserve que 300 perches de la 3e classe, qui croîtront jusqu'à l'âge de soixante ans (non compris les perches dominantes). A quarante ans, on exploitera donc de plus, par arpent, 200 perches à moitié dominées, et, certes, on ne trouvera pas trop éclaircie ou traitée contrairement aux règles forestières une forêt de quarante ans qui contiendra, par arpent, sur un bon terrain,

150 perches de 1re classe.
150 perches de 2e classe.
300 perches de 3e classe.

En somme, 600 perches.

J'ai, en outre, porté en compte, suivant les essences, un faible produit d'éclaircie opérée dès l'âge de vingt ans; dans la plupart des contrées d'Allemagne, un propriétaire peut vendre ses brins et ses ramilles, provenant d'une éclaircie faite à cet âge, ou les utiliser d'une manière quelconque : il est, par conséquent, rationnel d'en porter la valeur en ligne de compte pour l'appréciation des produits.

Dans le tableau A ci-joint, on peut voir combien de bois produit chaque essence, de période en période, sur un arpent de Prusse, et combien elle donne lors de l'exploitabilité, à cent vingt ans, lorsqu'on coupe tous les bois sur pied. On suppose toujours que le sol et l'exposition conviennent à l'essence de bois qui y croît, que le massif a été complet dès les premières années, et surtout qu'il a été traité d'après les règles de la science forestière.

Quoique les résultats portés à ce tableau A donnent les produits en matière de chaque essence, ils ne suffisent pas cependant pour pouvoir établir le rapport de la valeur de ces essences ; parce que, la qualité du bois étant très différente, et une corde de bois de hêtre valant mieux qu'une corde de bois d'aune, il faut nécessairement, pour pouvoir juger, commencer par établir la valeur des bois ; ces calculs vont suivre, et alors seulement on verra, par *le produit en argent*, quelle est celle des six essences traitées, qui est la plus productive pour le propriétaire et qui mérite, par conséquent, le mieux d'être cultivée.

Cependant, avant de calculer la valeur en argent, il y a plusieurs questions à résoudre, car il faut connaître la valeur relative des bois des diverses essences et de diverses qualités. Dans le chapitre suivant, on fera connaître à ce sujet ce qui est le plus nécessaire.

CHAPITRE II.

Des prix relatifs des bois pour les différentes essences et les divers assortimens.

Pour pouvoir calculer le produit en argent des six espèces soumises à l'expérience, lesquelles essences ont des valeurs fort différentes suivant les sa g es auxquels elles sont propres, il est nécessaire d'en déterminer les prix relatifs. C'est dans ce but que j'ai adopté les bases suivantes :

A. — *Valeur relative des essences considérées comme bois à brûler, et à cube égal.*

Bois de hêtre. 12
Bois de chêne. 10
Bois de bouleau 9
Bois d'aune. 8
Bois de pin. 9
Bois d'épicéa. 8

B. *Rapport du cube, à volume égal, des différens assortimens considérés comme bois à brûler.*

Une corde de bois de quartier de 108 pieds cubes de valeur contient, sans interstices. . . . . 75 p. c.

Une corde de forts rondins de 4 à 9 pouces de diamètre. 60

Une corde de faibles rondins de 1 1/2 à 4 pouces de diamètre. 50

Une corde de bois de souches. 40

Une soixantaine de fagots. 30

C. *Rapport du bois de construction et d'industrie avec le bois de feu, quant à la quantité.*

Bois de chêne.

a. Des produits de l'éclaircie à 100 ans, on tire du bois de quartier 1/8 pour l'industrie, 7/8 pour chauffage.

b. Dans les massifs exploitables, les bois de quartier donnent 1/2 pour l'industrie et constructions, et 1/2 pour chauffage.

Bois de hêtre.

Dans les massifs exploitables, on trouve 1/40 de bois d'industrie et 39/40 de bois de feu.

Ce n'est que dans un petit nombre de localités que l'on pourra vendre une aussi grande quantité de hêtres pour bois d'industrie, parce que la consommation en est très faible.

Bois de bouleau.

a. Le produit de l'éclaircie à 40 ans donnera 1/30 de bois d'industrie et 29/30 de bois à brûler.

b. Lors de l'exploitabilité, à 60 ans, on trouvera 1/20 de bois d'industrie et et 19/20 de feu.

Bois d'aune.

Lors de l'exploitabilité du massif, à 60 ans, on aura 1/40 de bois d'industrie et 39/40 de bois de feu (bois de corde).

Bois de pin.

a. Le produit de l'éclaircie, à 60 ans, donnera 1/30 de bois d'industrie et 29/30 de bois de feu.

b. Le produit de l'éclaircie, à 80 ans, donnera 1/10 de bois d'industrie et 9/10 de bois de feu.

c. A 100 ans, l'éclaircie produit 1/5 de bois d'industrie et 4/5 de bois de feu.

d. Lorsque le massif est exploitable, à 120 ans, les bois de quartier fournissent 1/2 pour la construction et 1/2 de bois de chauffage.

Bois d'épicéa.

Des éclaircies et l'exploitation du massif se font ici aux mêmes époques que pour les bois d'essence de pin, et les bois d'industrie, de construction et de chauffage s'y trouvent dans les mêmes proportions.

On pourrait, sans doute, à la rigueur, faire entrer en ligne de compte, dans une proportion plus forte, les bois d'œuvre et de construction, puisqu'ils s'y trouvent en réalité ; mais l'expérience démontre que, dans la plupart des localités, la consommation ne s'élève pas au delà, et dans quelques unes même n'atteint pas ce chiffre. J'ai donc porté pour bois de construction et d'industrie la quantité que l'on débite ordinairement, à moins de circonstances très défavorables. Dans les pays, par exemple, où les bois résineux sont rares, il peut se faire qu'on en débite pour bois de construction et d'industrie beaucoup plus que je n'en ai porté ; mais, dans les localités où les bois résineux sont en abondance, ou dans celles où le transport des bois de construction est difficile, on sera souvent obligé de réduire en bois de feu des corps d'arbres qui auraient fourni les plus beaux bois d'œuvre et de charpente, et les bois d'industrie de faible dimension n'auront pas plus de valeur que ceux propres au chauffage.

D. *Rapport du prix pour les bois de construction et d'industrie.*

Pour les bois d'œuvre et de construction, le prix du pied cube est très souvent différent, suivant la longueur et le diamètre des arbres, ou selon que ces arbres ont ou n'ont pas de branches ; mais je serais entraîné trop loin à apprécier toutes ces différences qui, d'ailleurs, ne sont pas partout les mêmes, et je me bornerai à donner le rapport moyen du prix d'un pied cube de bois de construction à celui d'un pied cube de bois de quartier pour chaque essence.

1°. Un pied cube de chêne, propre à la charpente et à l'industrie, vaut autant que 2 1/3 pieds cubes de chêne, bois de quartier ;

2°. Un pied cube de hêtre , bois d'industrie , vaut autant que 1 1/2 pieds cubes de hêtre, bois de quartier ;

3°. Un pied cube de bouleau et aune vaut 1 1/2 du même bois de quartier ;

4°. Un pied cube de pin et d'épicéa vaut autant que 2 pieds cubes du même bois de feu.

E. *Rapport du prix du bois de souches et des ramilles avec le bois de quartier , à cube égal.*

1°. Un pied cube de bois de souches fraîches ne vaut que les 3/4 d'un pied cube de bois de quartier de la même essence ; quoique le bois de souches soit presque aussi bon et souvent même rende , en le brûlant, de plus grands services que le bois de quartier, il ne trouve pas aussi facilement d'acheteurs, et on est forcé de le vendre à meilleur compte ;

2°. Le pied cube de ramilles ne vaut que les 2/3 d'un pied cube de bois de quartier de la même essence , soit parce qu'il ne donne pas autant de chaleur que le bois de quartier, soit parce qu'il ne peut pas se conserver longtemps bon , soit parce qu'on ne peut l'utiliser commodément pour chaque espèce de feu, et qu'en outre il prend trop de place. Quant au bois rondin , qu'un pied cube de certaines essences vaille un peu plus ou un peu moins qu'un pied cube de bois de quartier, je n'aurai pas égard à cette différence.

D'après ces données, il n'est pas difficile de calculer le prix proportionnel du bois ; il suffit de prendre un prix arbitraire pour le pied cube de bois de quartier de l'une des six essences ; et l'on en déduira facilement tous les autres prix dans le rapport déterminé. Par exemple, que pour le pied cube de bois de quartier hêtre, qui ordinairement est le plus cher , on prenne 18 Pfen., plus ou moins, cela est entièrement indifférent, si, comme moi, on ne se propose que de chercher le rapport des produits en argent des différentes essences. Dans mes calculs, j'ai adopté 1 demi-S. Gr. ou 18 Pfen. pour le prix du pied cube du bois de quartier hêtre, et j'en déduis, d'après les rapports donnés ci-dessus, les prix suivans :

A. *Taxe pour les bois de feu.*

Le pied cube de hêtre , bois de quartier. . .	18 Pfen.
de chêne.	15
de bouleau.	13 1/2
d'aune.	12
de pin	13 1/2
d'épicéa	12

Par suite coûteront :

I. *Hêtre , bois de feu.*

		R.Th.	S. Gr.	Pfen.
a. La corde de bois de quartier à 75 p. c.	3	22	6
b. forts rondins à . 60	3	»	»
c. petits rondins à . 50	2	15	»
d. bois de souches à 40	1	15	»
e. Une soixantaine de fagots à 30	1	»	»

II. *Chêne , bois de feu.*

		R.Th.	S.Gr.	Pfen.
a. La corde de bois de quartier à 75 p. c.	3	3	9
b. gros rondins à . . 60	2	15	»
c. petits rondins à. . 50	2	2	6
d. bois de souches à 40	1	7	6
e. Une soixantaine de fagots à 30	1	25	»

III. *Bouleau , bois de feu.*

		R.Th.	S.Gr.	Pfen.
a. La corde de bois de quartier à 75 p. c.	2	24	4
b. gros rondins à . 60	2	7	6

		R.Th.	S.Gr.	Pfen.
e.	petits rondins à . 50	1	26	3
d.	bois de souches à 40	1	3	9
e.	Une soixantaine de fagots à 30	»	22	6

IV. *Aune, bois de feu.*

		R.Th.	S.Gr.	Pfen.
a.	La corde de bois de quartier à 75 p. c.	2	15	»
b.	gros rondins à . 60	2	»	»
c.	petits rondins à 50	1	20	»
d.	bois de souches à 40	1	»	»
e.	Une soixantaine de fagots à 30	»	20	»

V. *Pin, bois de feu.*

		R.Th.	S.Gr.	Pfen.
a.	La corde de bois de quartier à 75 p. c.	2	24	4
b.	gros rondins à . 60	2	7	6
c.	petits rondins à 50 -	1	26	3
d.	bois de souches à 40	1	3	9
e.	Une soixantaine de fagots à 30	»	22	6

VI. *Épicéa, bois de feu.*

		R.Th.	S.Gr.	Pfen.
a.	La corde de bois de quartier à 75 p. c.	2	15	»
b.	gros rondins à 60	2	»	»
c.	petits rondins à 50	2	»	»
d.	bois de souches à 40	1	»	»
e.	Une soixantaine de fagots à 30	»	20	»

Taxe pour les bois de construction et d'industrie.

		R. Th.	S. Gr.	Pfen.
1°.	Le pied cube de chêne. . .	»	3	»
2°.	hêtre. . .	»	2	3
3°.	bouleau.	»	1	8
4°.	aune. . .	»	1	6
5°.	pin. . . .	»	2	3
6°.	épicéa. .	»	2	»

TABLEAU SYNOPTIQUE C.

ESSENCES.	BOIS DE CONSTRUCTION ET D'INDUSTRIE; le pied cube.			BOIS DE QUARTIER, la corde de 75 pieds cubes.			GROS RONDINS, la corde à 60 pieds cubes.			PETITS RONDINS, la corde à 50 pieds cubes.			BOIS DE SOUCHES la corde à 40 pieds cubes.			SOIXANTAINES DE FAGOTS à 30 pieds cubes.		
	R. Th.	S. Gr	P. f.	R. Th.	S. Gr	P. f.	R. Th.	S. Gr	P. f.	R. Th.	S. Gr	P. f.	R. Th.	S. Gr	P. f.	R. Th.	S. Gr	P. f.
CHÊNE..	»	3	»	3	3	9	2	15	»	2	2	6	1	7	6	1	25	»
HÊTRE..	»	2	3	3	22	6	3	»	»	2	15	»	1	15	»	»	»	»
BOULEAU..	»	1	8	2	24	4	2	7	6	1	26	3	1	3	9	»	2	6
AUNE....	»	1	6	2	15	»	2	»	»	1	20	»	1	»	»	»	20	»
PIN.....	»	2	3	2	24	4	2	7	6	1	26	3	1	3	7	»	22	6
ÉPICÉA...	»	2	»	2	15	»	2	»	»	1	20	»	1	»	»	»	20	»

TROISIÈME CHAPITRE.

*Calcul du produit en argent de chaque essence,
d'après les prix fixés dans le deuxième chapitre,
et d'après les produits en matières calculés dans
le premier.*

Dans le chapitre précédent, j'ai proposé une taxe
des bois d'après laquelle les différentes essences et
assortimens de bois ont été estimés; maintenant je
vais calculer la somme en argent que chaque essence peut produire, d'après l'accroissement en
bois que j'ai donné dans le chapitre 1er; de cette
manière, on verra combien un arpent rapporte en
argent par an, terme moyen, si le terrain, le peuplement, la situation et le traitement sont bons.
Pour pouvoir embrasser d'un seul coup d'œil les
résultats de ces calculs, j'en ai fait un tableau sy-
noptique. (*Voir* le tableau B ci-joint.) Les principaux résultats des tableaux A et B sont ceux-ci.

	R. Th. S.	Gr.	Pfen.
Un arpent de forêt de chêne rapporte par an 46 7/8 pieds cubes de bois, qui valent. .	2	18	7 2/5
Un arpent de forêt de hêtre rapporte par an 55 1/2 pieds cubes, qui valent. . . .	2	19	9 5/4
Un arpent de forêt de bouleau rapporte par an 57 1/6 pieds cubes, qui valent. . .	2	1	10 1/2
Un arpent de forêt d'aune rapporte par an 68 1/2 pieds cubes de bois, qui valent.	2	4	8
Un arpent de forêt de pin rapporte par an 65 1/5 pieds cubes de bois, qui valent. . .	3	2	2 1/5
Un arpent de forêt d'épicéa rapporte par an 109 1/10 pieds cubes, qui valent. . .	4	21	1/2

Au produit en argent des forêts de chêne et de hêtre il faut encore ajouter la valeur de la glandée de 80 à 120 ans; quant à la petite quantité de glands et de faînes qu'elles produisent avant 80 ans, je l'ai estimée, avec la valeur des glandées, de 80 à 120 ans. Supposons maintenant que, dans ces forêts, il y ait, tous les 5 ans, de 80 à 120 ans, une glandée assez abondante pour pouvoir engraisser les porcs; en 40 ans on pourra donc tirer huit fois parti de la grasse pâture. Supposons, en outre, que, dans une année de glandée, un arpent de forêt en massif ne produise tout au plus que 50 scheffels de glands ou de faînes, cela fera, pour les 8 années de glandée, 400 scheffels, ou moyennement, par an, pendant les 120 ans, 3 demi scheffels; supposons enfin qu'un porc de moyenne grosseur consomme par jour, pendant les 70 jours de grasse pâture, un sixième de scheffel (non compris la vaine pâture), et que, par conséquent, il lui faille environ 12 scheffels pour l'engraisser complètement, et qu'enfin on reçoive, outre les gages du porcher, un demi-Rth. pour chaque porc envoyé à la grasse pâture, les 3 un tiers R. Th. que nous avons calculés ci-dessus pour le produit annuel de la glandée vaudront 12 S. Gr. 6 Pfen.

Cette somme doit être ajoutée au produit annuel en argent des forêts de chêne et de hêtre. Ce produit annuel est donc par arpent :

	R. Th.	S. Gr.	Pfen.
Chêne-futaie.	3	1	1
Hêtre.	3	2	3

	R. Th.	S. Gr.	Pfen.
Bouleau	2	1	10
Aune	2	4	8
Pin	3	2	2
Épicéa	4	21	»

Il résulte de là,

1°. Que les hautes futaies de chêne et de hêtre rapportent autant par an, en argent, qu'une forêt de pin;

2°. Que les hautes futaies de bouleau et d'aune, comparées à celles de chêne et hêtre, et aux forêts de pin, ne rapportent que la moitié des produits en argent;

3°. Que les forêts d'épicéa rapportent beaucoup plus en argent que toutes les autres. On ne peut donc recommander avec trop d'instance la culture de l'épicéa lorsque le terrain et la situation le permettent. L'épicéa aime un sol un peu frais, un climat humide, et ne vient pas bien dans les terrains secs de sable; aussi ne peut-on pas le cultiver avec avantage dans la plupart des États prussiens. On trouve cependant, dans des provinces sablonneuses, quelques localités où domine un sol argileux et frais, et qui sont peuplées de chênes et de hêtres; l'épicéa y réussirait très bien et serait susceptible de beaucoup plus de produits que les meilleurs bois feuillus. Maintenant encore, partout où le sol convient au chêne et au hêtre, on s'efforce de maintenir ou de propager ces essences, parce qu'on se persuade qu'elles sont susceptibles des produits les plus importans. Cette opinion, comme je l'ai démontré, est entièrement erronée. En cultivant l'épicéa sur un terrain propre au chêne et au hêtre, on retirera un bien plus grand produit tant en bois qu'en argent. La culture même du pin est plus profitable que celle des bois feuillus de cette espèce, surtout sur un terrain où auraient cru précédemment ces essences. Les expériences dont le résultat est porté au tableau ont été faites, pour le pin, sur un beau sol de sable, qu'on peut classer, pour la qualité, dans les terrains argilo-sablonneux propres à la culture de l'orge (2ᵉ classe); sur un sol propre au chêne et au hêtre, ou sur un bon terrain à orge (1ʳᵉ classe), le produit de cette essence est beaucoup plus élevé. Déjà, à 100 ans., on a autant de bois, et du bois d'aussi forte dimension qu'à 120 ans sur un sol de 2ᵉ classe; avec de pareils terrains on peut sans crainte ajouter, pour le pin, un sixième au produit en argent trouvé ci-dessus.

Eu égard au produit en argent, il ne serait donc pas rationnel de repeupler les vides avec des bois feuillus (2), lorsque les bois résineux peuvent y réussir. Cependant, comme le chêne, le hêtre, le bouleau, etc., sont propres à une infinité d'usages auxquels on ne peut pas employer les bois résineux, il semblerait rationnel de ne cultiver, sur un bon terrain, que la quantité de bois feuillus nécessaire pour satisfaire les besoins. Les forêts de chêne et de hêtre déjà existantes se repeuplent-elles sans frais par le semis naturel, dans ce cas il est généralement préférable de les conserver, parce que le capital em-

ployé aux repeuplemens artificiels et l'intérêt de ce
capital absorbent la différence en plus du produit des
bois résineux, et qu'en outre les bois feuillus sont
exposés à moins de dangers que les bois résineux.
Mais s'agit-il de remplacemens artificiels devenus
nécessaires, alors le plus profitable est d'employer
les bois résineux, et de cultiver le pin sur les terrains sablonneux et l'épicéa sur les terrains argileux.

On objectera, peut-être, que les forêts de bois
feuillus donnent plutôt un produit assez important,
et qu'on peut tirer de ces forêts un plus grand pro-
fit que des bois résineux, en les aménageant en
taillis, à une courte révolution ; mais je répondrai
et je prouverai que les bois résineux peuvent four-
nir des produits d'aussi bonne heure et des produits beaucoup plus forts.

En effet :

I. *Produit en bois d'un massif de pins de 20 ans sur un bon*
terrain.

1°. Le produit de l'éclaircie à 20 ans donne huit soixan-
taines de fagots, ci . . . . 240 p. c.

2°. Si l'on exploite à blanc-étoc toutes les perches dominantes, on aura, d'après le tableau A,

   a Pour les 150 perches à 2 1/2 p. c.   375 p. c.
   b Pour les 150 perches à 1.   150
   c Pour les 900 perches à 1/6. . . .   150
   d Pour les deux soixantaines de
fagots qui en proviennent   60
                            735 ci. . 735

L'exploitation d'un massif de 20 ans
donne donc en somme 975

II. *Produit en bois d'un massif de bouleau de 20 ans sur un terrain.*

1°. Le produit de l'éclaircie à 20 ans donne quatre soixan-taines de fagots, ci. . . . . 120 p. c.

2°. Si l'on exploite toutes les perches domi-nantes, on a :

   a Pour les 200 perches à 1 p. c. . . 200 p. c.

   b Pour les 200 perches à 1/2. . .   100

   c Pour les 800 perches à 1/4. . .   200

   d Pour les ramilles, deux soixan-taines de fagots, ci.   60

                        560 ci. . 560

Ainsi l'exploitation d'un massif de 20 ans donne en somme. 680

Ce qui établit en faveur du pin exploité dans les mêmes circonstances une différence en plus de 295 p. c. par arpent.

Calculons maintenant la valeur en argent des deux massifs d'après la taxe adoptée.

T. A. *Valeur en argent d'un massif de pin de 20 ans.*

Les art. a, b, c = 675 p. c. donnent 13 1/2 cordes de ron-dins de faible dimension (la corde de 50 p. c. à 1 R. Th. 26 S. Gr. 3 Pfen.).

	R. Th.	S. Gr.	Pfen.
Ci.	25	9	4
Les art. d et n° 1, ou dix soixantaines de fagots à 22 S. Gr. 6 Pfen. l'une, ci..	7	15	»
	32	24	4

T. B. *Valeur en argent d'un massif de bouleau de 20 ans.*

Les art. a, b, c, = 500 p. c. donnent 10 cordes de bois rondins de faible dimension à 1 R. Th. 26 S. Gr. 3 Pfen.

	R. Th.	S. Gr.	Pfen.
l'une, ci	18	22	6
Les art. d et n° 1, ou six soixantaines de fagots, à 22 S. Gr. 6 Pfen. l'une, ci .	4	15	»
	23	7	6

Le produit d'un massif de pins coupé à 20 ans, à blanc étoc, dépasse donc de 9 R. Th. 16 S. Gr. 10 Pfen. celui du bouleau; mais, comme le massif du bouleau se renouvelle par les rejets de souche, et qu'au contraire celui du pin ne peut être renouvelé que par des plantations ou des semis artificiels, des 9 R. Th. 16 S. Gr. 10 Pfen. il faut déduire tout au plus 2 R. Th. 16 S. Gr. 10 Pfen. pour frais de culture, et il reste au moins un excédant de 7 R. Th. par arpent. Qu'on considère la chose comme on le voudra, il n'en reste pas moins prouvé que la culture des bois résineux est la plus productive, d'autant plus qu'il est plus facile de former un massif de pins qu'un massif de bouleau.

De tout ces calculs on peut encore tirer d'autres conséquences importantes : par exemple, on peut donner la preuve que des forêts bien peuplées et bien exploitées ne donnent point un aussi faible produit en argent que beaucoup de gens se le figurent.

Ainsi un arpent de pin bien peuplé, sur un sol propre à cette essence, et qu'on peut comparer à un terrain à orge, 2° classe, rapporte par an environ 3 R. Th., en supposant que la corde de bois de quartier puisse se vendre 2 R. Th. 24 S. Gr. 4 Pfen.,

et le pied cube de bois de construction 2 S. Gr.
5 Pfen.; mais, considérant que, dans une forêt
bien peuplée, tous les massifs ne sont pas complets, et déduisant, pour y avoir égard, un sixième
du produit annuel, il reste encore 2 R. Th. 15 Pfen.;
ayant aussi égard à la variation du prix du bois,
et à ce que, dans beaucoup de pays boisés, sa
valeur est moitié moindre que celle que nous
avons prise pour base, il reste toujours encore
1 R. Th. 7 S. Gr. 6 Pfen. pour produit annuel de
l'arpent.

Comparons maintenant ce chiffre avec le produit
net d'un arpent de terrain à orge de 2e classe, lequel
est rarement estimé dans les baux au delà de 1 R. Th.,
on verra que, par la culture du pin, là où la corde
de bois de quartier vaut 2 R. Th. 24 S. Gr. 4 Pfen.,
le terrain rapporte presque trois fois autant que
s'il était cultivé en céréales, et que, même en supposant les bois à vil prix, une forêt est néanmoins
plus productive que des terres arables.

Le produit d'une forêt de pin souffre même la comparaison avec celui d'un terrain à orge de 1re qualité. Dans les pays où le terrain de cette espèce est
le plus commun, on trouve ordinairement une
population nombreuse, beaucoup de terres et peu
de forêts; par suite, le bois y est plus cher, et cer-
tainement les prix que j'ai adoptés, 2 R. Th. 24 S. Gr.
4 Pfen., pour la corde de pin (bois de quartier),
et 2 S. Gr. 3 Pfen. pour le pied cube de bois de
construction, ne sont pas trop élevés; or, puis-

qu'un arpent de terrain à orge de 2ᵉ classe, bien
peuplé de pins, rapporte par an 2 R. Th. 15 S. Gr.,
déduction faite d'un sixième pour le cas où, lors
de l'exploitation, le massif ne serait pas complet,
on peut sans crainte compter sur 7 R. Th. 25 S. Gr.
sur un sol de 1ʳᵉ classe. Je doute fort que, d'une
ferme composée en général de terrains de cette
espèce, on puisse tirer un canon annuel de 2 R. Th.
25 S. Gr. par arpent; du moins je connais beaucoup de cas où il n'est pas aussi élevé.

Il y a en Allemagne beaucoup de contrées où
la corde de pin, bois de quartier, se vend 5 R. Th.
18 S. Gr. 8 Pfen., et en général le bois coûte le
double de ce que j'ai porté au tableau B. Dans ce
cas, un arpent de forêt de pins, lors même qu'il ne
serait pas complètement peuplé, et qu'il donnerait
un sixième moins de bois que je n'en ai porté
au tableau A, pour les massifs complets, rapporterait par an 5 R. Th., en supposant le terrain de
la qualité de celui à orge de 2ᵉ classe, et 5 R. Th.
20 S. Gr. si le terrain est de 1ʳᵉ classe, et beaucoup plus si les circonstances permettaient de cultiver l'épicéa à la place du pin.

Ainsi, on doit se convaincre par ces calculs que
le produit en argent d'une forêt bien peuplée sur-
passe de beaucoup celui d'une terre de même qualité sur laquelle on cultiverait des céréales, surtout
lorsque cette terre ne rapporte guère plus que les
frais de labour. Avec une aussi mauvaise qualité
de terrain, le produit en bois ne sera aussi proba-

blement que moitié de celui que j'ai calculé pour un terrain de bonne qualité. Dans ce cas, l'arpent de forêt de pins rapportera encore 1 R. Th. par an, tandis qu'en livrant ce même terrain à l'agriculture, on n'en tirerait probablement pas 10 S. Gr. par an.

Combien grandes sont donc les pertes de celui qui jusqu'ici a laissé sans culture et abandonné au parcours des bestiaux une surface considérable de son sol forestier! Celui qui calculerait combien l'arpent de pâturage lui a rapporté jusqu'ici par an, et combien il aurait pu lui rapporter en forêt, serait étonné de l'énormité de ses pertes, et serait peut-être plus disposé à remettre en bois les vides de ses forêts.

Non seulement les vides des forêts, mais encore les mauvaises terres arables peuvent, comme je l'ai démontré plus haut, rapporter un intérêt plus élevé par la culture du bois. Qu'on calcule seulement le produit d'un arpent défriché depuis 9 ou 10 ans, soit qu'on l'ait cultivé en céréales, soit qu'on l'ait abandonné au pâturage, et l'on trouvera que, tous frais déduits, il reste à peine quelques Groschen par arpent; que l'on élève une forêt de pins sur ce même sol, et l'on obtiendra un revenu de 20 S. Gr., en même temps qu'on pourra l'utiliser périodiquement en le livrant au pâturage.

Quant aux localités, où déjà, proportion gardée, il y a trop de forêts, et où, par conséquent, le prix du bois est extraordinairement bas, ou bien, où le bois n'a pas de débit, parce que la population est pauvre, peu nombreuse, ou bien parce qu'il n'existe aucune industrie qui consomme les grandes quantités de combustibles, mes calculs ne peuvent recevoir d'application.

En Allemagne, où la population est généralement nombreuse, on rencontre peu de ces localités; d'ailleurs on peut assurer que, tant qu'on n'y plantera pas, hors de proportion, de nouvelles forêts, et qu'on se contentera de mettre en nature de bois les vagues des forêts et les terres entièrement mauvaises, on retirera au moins autant, et le plus souvent, plus de produit net par la culture du bois que par celle des céréales, surtout si l'on choisit le pin et l'épicéa.

La culture du bois, sur des terres à froment, souffre même la comparaison avec le produit net de ces terres cultivées en céréales, *là où elles se trouvent en grande quantité.* Dans ces localités, il y a ordinairement peu de forêts, et le bois y est si cher, qu'il n'est pas rare d'y voir payer en forêt 10 R. Th. la corde de bois de hêtre, et 7 R. Th. et demi celle de pin; sur un terrain à froment, il croît, en 100 ans, plus de bois que sur un terrain à orge de 2e classe en 120 ans; à 100 ans, un arpent de terre à froment produirait au moins 7,825 pieds cubes s'il était complètement peuplé en pins et 13,093 pieds, cubes s'il l'était en épicéa. Il pourrait se faire que le peuplement ne fût pas complet; déduisons donc, pour y avoir égard, un sixième comme ci-dessus, et nous aurons, pour l'accroissement total à 100 ans, savoir :

Pin. . . . . 6,521 p. c.
Epicéa. 10,011

L'accroissement annuel sera donc :

Pour le pin. . . . . 65 p. c. 1/2
Pour l'épicéa. 100   1/10

Dans ces localités, on débitera facilement les deux tiers du bois pour construction et industrie; on pourra donc calculer pour le produit annuel :

Pin . . $\begin{cases} 43 \text{ p. c. bois de construction.} \\ 22 \quad\quad\quad \text{bois de feu.} \end{cases}$

Épicéa. $\begin{cases} 66 \quad\quad\quad \text{bois de construction.} \\ 34 \quad\quad\quad \text{bois de feu.} \end{cases}$

Maintenant prenons la corde de pin, bois de quartier, à 7 R. Th. et demi, ou à 3 S. Gr. le pied cube, et estimons le bois de construction le double du bois de feu, et, par conséquent, 6 S. Gr. le pied cube; l'arpent de forêt de pin rapportera moyennement par an :

	R. Th.	S. Gr.
1°. Pour les 22 p. c. de bois de feu à 3 S. Gr.	2	6
2°. Pour les 43 p. c. de bois de construction à 6 S. Gr.	8	18
	10	24

Un arpent de terre à froment bien peuplé d'épicéas rapporterait par an :

1°. Pour les 34 p. c. de bois de feu à

	R. Th.	S. Gr.
2 S. Gr. 6 Pfen.	2	25
2°. Pour les 66 p. c. de bois de construction à 5 S. Gr.	14	26
	14	21

Je doute fort qu'un arpent de froment donne par an un produit net aussi considérable!

Je n'ai, d'ailleurs, nullement l'intention de persuader à qui que ce soit de planter une forêt sur son terrain à froment; je ne fais ici ces calculs que pour montrer que, même sur un sol de cette espèce, la culture du bois peut entrer en comparaison avec celle des céréales, parce que, dans les localités où les terres abondent, le prix du bois est ordinairement très élevé, et que l'accroissement des forêts est étonnant sur un aussi bon sol.

Si quelqu'un conçoit le moindre doute sur l'exactitude de mes calculs, qu'il fasse exploiter à blanc étoc seulement un quart de Jour d'un massif complet de pins ou d'épicéas, sur un bon terrain, et qu'il fasse façonner le bois, il s'étonnera de la masse inattendue des produits, du prix qu'il en retirera, et demeurera convaincu de l'exactitude de mes expériences; mais celui qui appliquerait mes calculs à estimer le produit de ses massifs plus âgés, ou de vieux massifs exploités, Dieu sait combien de fois il se tromperait aussi grossièrement que celui qui calculerait le produit futur d'un champ ravagé par la grêle. Les massifs âgés, aujourd'hui de 80 et 100 ans, sont dans un tel état, par suite d'exploita-

tions vicieuses, qu'il n'y a point, par arpent, autant de bois qu'on en trouverait dans des massifs
de 4o ans bien traités. De pareils massifs ne pou-
vaient donc pas servir à faire juger combien peut
produire un arpent de bois si, dès les premières
années, il est bien peuplé, et s'il a été convenablement traité, ainsi qu'on le voit aujourd'hui presque partout. Celui qui veut connaître le produit en
bois possible et probable d'une essence quelconque
doit commencer, comme je l'ai indiqué au premier
chapitre, à faire des expériences dans les jeunes
massifs complets, et, par degré, s'élever jusqu'aux
massifs plus âgés. Par ce moyen, on verra jusqu'à
quel âge il existe encore des massifs complets; on
trouvera que, par suite du continuel jardinage
autrefois usité, il n'existe plus que très peu de massifs actuellement exploitables qui renferment, par
arpent, autant d'arbres qu'ils devraient en avoir ou
en auraient eu, s'ils avaient été traités régulièrement, comme on traite maintenant presque partout
les forêts (3).

A l'avenir, lorsque beaucoup de coupes et beaucoup de semis ne réussiraient pas aussi complètement que nous le désirons, on ne verra plus de
forêts exploitables aussi incomplètes que celles,
hélas! que nous rencontrons tous les jours. Il n'est
pas nécessaire, dans les coupes ou dans les plantations, que les jeunes plants soient à une distance de
six à douze pouces, ou même plus près, pour que,
plus tard, il se forme un massif exploitable complet;

je dirai même qu'un état aussi serré de jeunes plants est plus misérable qu'utile. Si, à l'âge de 4 à 6 ans, les brins dominans sont à trois ou quatre pieds les uns des autres, à 20 ans le massif sera déjà complet; aucun forestier jaloux de son honneur ne laisse maintenant croître un repeuplement s'il n'y trouve, quelques années après, le semis et les plants dominans placés à la distance que je viens d'indiquer; et tous les forestiers instruits ont déjà adopté pour principe de n'extraire des jeunes massifs que les brins mal venans et rabougris, et de laisser sur pied, jusqu'à l'exploitabilité, tous ceux qui ont pris le dessus. Aussi tous les massifs que l'on élève aujourd'hui seront à l'avenir entièrement complets à l'âge de 20 ans, ou, au plus tard, à l'âge de 40 ans; des accidens qui ne se reproduiront que rarement, et qui n'auront pas une grande influence sur la masse, pourront faire que, çà et là, dans des cantons isolés, il y ait des trouées, et que l'on ne parvienne pas à un peuplement complet; mais, généralement, on obtiendra l'état serré avant la moitié de la révolution, et en continuant à les traiter régulièrement, les massifs resteront complets jusqu'à l'exploitabilité, et, par conséquent, donneront le produit en bois que j'ai calculé, ou au moins les 7 huitièmes, et les 5 sixièmes dans les circonstances défavorables. Dans la comparaison établie ci-dessus, avec la culture des céréales, j'ai toujours déduit un sixième du produit en bois présumé, pour avoir égard à l'éventualité d'un peuplement incomplet;

et cependant la valeur du bois produit dépasse la valeur des récoltes en céréales. Combien plus grande serait cette différence si on ne déduisait pas 1 huitième ou 1 septième du produit en matière !

Je n'ai encore envisagé que le point de vue avantageux des repeuplemens ; mais, pour un grand nombre de personnes, ils ne se présentent pas aussi favorables suivant les circonstances ; je vais examiner impartialement les trois cas principaux dans lesquels on peut se trouver placé :

1°. Celui qui a des vides à repeupler possède déjà une forêt peuplée de bois de toutes les classes d'âge ;

2°. Ou bien il n'a que de tout jeunes massifs purs ;

3°. Ou bien il n'a pas de forêt.

I. Supposons qu'un propriétaire ait maintenant une forêt peuplée de bois de toutes les classes d'âge, et qu'en outre il ait à repeupler un vague, il est vrai qu'à partir de ce jour il ne peut pas prendre sur la surface mise en culture le produit en bois calculé, mais il peut attaquer plus fortement les cantons exploitables, proportionnellement à l'accroissement annuel de la subdivision mise en culture et incorporée à la masse de la forêt ; il peut, par conséquent, au moyen de ce repeuplement, obtenir, dès aujourd'hui, des produits plus considérables.

Supposons que ce propriétaire ait une forêt de 10,000 arpens aménagée à 120 ans, et que sa possibilité, d'après le tableau A, soit de 65 pieds cubes par arpent; à cette forêt se rattachent encore 100 arpens de nouveaux repeuplemens sur d'anciens vides; alors la possibilité sera calculée d'après une surface de 10,100 arpens, parce que les 100 arpens ajoutés fourniront, pendant le cours de la révolution, non seulement les produits périodiques des éclaircies, mais encore, à la fin de la révolution à laquelle il conviendra de les soumettre lors même qu'ils n'auraient pas atteint l'âge normal de l'exploitabilité, une masse de bois assez considérable.

Dans ce cas, on doit se faire cette question : Les frais inévitables de culture de la nouvelle subdivision seront-ils couverts par le produit en plus des 100 arpens ?

Il n'est pas difficile de résoudre cette question en comparant la valeur du bois qu'on exploite en plus chaque année avec l'intérêt annuel des frais de culture. D'après le tableau B, un arpent de forêt de pins, complètement peuplé, et sur un bon terrain, produit par an pour 3 R. Th. 2 S. Gr. 2 Pfen. de bois, ce qui donne, pour les 100 arpens, 307 R. Th. 5 S. Gr. 8 Pfen. Déduisant 1 sixième pour avoir égard à la possibilité d'un massif incomplet, il restera toujours environ 256 R. Th. Le repeuplement d'un arpent de vide en pins ne coûte pas au delà de 2 R. Th.; on dépensera donc, une fois pour toutes, 200 R. Th. pour augmenter son intérêt annuel de 256 R. Th. L'intérêt de ces 200 R. Th. est de 10 R. Th. par an; on gagnera donc par ce repeuplement 246 R. Th. par an, ou par arpent 2 R. Th. 13 S. Gr. 9 Pfen., c'est à dire presque trois fois le canon d'un terrain à orge de 2ᵉ classe.

II et III. Supposons maintenant que le propriétaire d'une terre vague n'ait que de jeunes massifs purs, où pendant longues années il n'y a que des éclaircies à faire ; ou bien, supposons même qu'il n'ait pas de forêt, la question ne se présente plus défavorable que sous un seul point de vue; savoir qu'il faut attendre longtemps pour retirer le produit, et que ce n'est qu'après 20 ans qu'on pourra rentrer dans son capital et l'intérêt de son capital.

En effet, le repeuplement d'un arpent de vide en pin coûte 2 R. Th., et comme on ne retire de cette forêt aucun produit jusqu'à l'âge de 20 ans, le produit de l'éclaircie donne, d'après le tableau B, 6 R. Th., ou seulement 5 R. Th., en déduisant 1 sixième pour le cas où le massif ne serait pas complet. Il reste donc 1 R. Th., déduction faite des frais et des intérêts simples. A-t-on égard aux intérêts composés, on ne rentre à 20 ans que dans le capital qu'on a déboursé ; mais on possède une parcelle de forêt qui de ce jour rapporte au moins 5 sixièmes du produit indiqué au tableau B; il est vrai aussi qu'on ne tonchera pas de suite tous les ans l'intérêt de l'argent qu'on a dépensé, mais il rentrera par fortes sommes ; de sorte que le seul inconvénient, dans ce cas, est de ne pouvoir recouvrer qu'au bout de 20 ans capital et intérêt de ce capital ; il n'en est pas ainsi, comme je l'ai démontré dans le n° 1, pages 127 et 128, pour ceux qui peuvent rattacher de nouvelles cultures à une forêt dont ils sont déjà propriétaires.

Il en est tout autrement pour celui qui, ne pouvant se priver pendant 20 ans de son capital, possède un vide qui convient à la culture des céréales, comme terre à orge de 2ᵉ classe : ne pourrait-il le louer que 20 S. Gr. ou 1 Pfen. l'arpent, c'est un produit qu'il peut retirer dès à présent, et beaucoup de gens le préfèrent à une rente courante de 2 Th. 13 S. Gr. 9 Pfen. qu'ils ne peuvent se créer qu'en faisant, pendant 28 ans, l'avance de 2 Th. pour frais de culture, et quoique ce capital doive leur être remboursé plus tard avec les intérêts. C'est à cette avance de frais qu'est due la principale cause de la répugnance que montrent les propriétaires fonciers pour la culture forestière, et de la préférence qu'ils accordent à un minime intérêt annuel qu'ils se procurent de suite, sans avance, et pour toujours. Dans la position de beaucoup de propriétaires qui n'ont pas de forêts auxquelles ils puissent rattacher de nouvelles cultures, on peut excuser cette manière d'agir. Quant à ceux qui sont assez riches pour faire l'avance de ce capital, capital qui, avec une économie convenable, serait loin de monter à 2 R. Th. par arpent, ou bien ceux qui peuvent rattacher les parcelles mises en culture à leurs autres propriétés foncières, et en modifier à la fois l'exploitation, ceux-là se font un grand tort, si, au lieu de remettre de suite en nature de forêt les vides

qu'ils possèdent, ils les cultivent en céréales, qui
ne rapportent jamais un produit net aussi considérable qu'une forêt, en supposant, toutefois,
que les bois n'aient pas un prix trop bas, et
qu'ils soient d'un débit facile. La perte sera in-
comparablement plus grande s'ils n'utilisent ces
vides que comme pâturages, qui le plus souvent ne
rapportent que quelques Groshen par arpent.

Si quelqu'un tient pour exagérés mes calculs et
mes assertions, je le prie de suspendre son jugement jusqu'à ce que, par ses propres expériences
sur la croissance des bois, il puisse réfuter mes assertions. Un jugement porté sans fondement ne
peut pas servir de réfutation.

En terminant, je dois prévoir que de mes calculs on déduira cette conséquence, que le prix ac-
tuel du bois est trop élevé, puisque l'arpent de forêt rapporte plus que l'arpent de terres ; cependant,
on ne doit pas attendre, sur un sol de même qualité, un produit plus élevé d'une forêt que d'une
terre cultivée en céréales. Ce principe fondamen-
tale, je l'ai soutenu dans plusieurs de mes écrits,
et mes calculs n'y apportent aujourd'hui aucune
modification. Les futaies exploitables et les demi-
futaies se trouvent maintenant dans un tel état, par
suite des exploitations vicieuses, qu'elles ne donnent pas 1 tiers du produit que présenterait une
forêt bien peuplée et bien traitée ; les propriétaires
ne sont pas responsables de cet état de dégradation,
en tant qu'autrefois on ignorait le traitement régu-

lier des forêts. Ne pouvant pas changer l'état des cantons actuellement exploitables et arrivés à leur croissance moyenne, ils sont donc forcés, et pour ainsi dire autorisés à fixer le prix du bois à un taux assez élevé pour pouvoir retirer de leurs forêts incomplètes le même produit net que le propriétaire de terres arables d'un sol de même qualité.

Mais si un jour toutes les forêts sont bien peuplées et bien traitées, la production en matière sera infiniment plus forte, et le prix du bois se mettra en équilibre avec celui des produits des champs.

Le prix du bois baissera infailliblement, parce qu'il est constant qu'il est toujours fixé en raison de l'offre plus considérable des marchandises. Puisse cette supposition se réaliser un jour! Le propriétaire de forêts retirera de ses bois le même intérêt que le fermier de ses terres.

NOTES

DU TRADUCTEUR DE L'OPUSCULE DE HARTIG.

(1) **Page 99.**

Table de comparaison entre les poids, mesures et monnaies de France et de Prusse, servant à l'intelligence de l'écrit de Hartig.

Mesures en poids.

	Kilog.
Livres. . . . . en kilogrammes.	0, 468
Demi-once, ou Loth.	0, 0146
Quentchen, ou Drachme	0, 00365
Centner, de 100 livres, ou quintal.	51, 5264

Mesures de capacité.

		Litr.
Quarte. . . . . en litres.		1, 1450
Metzen, ou Boisseau.		3, 435
Scheffel, ou Bichet		54, 96
Tonne (pour les matières sèches, telles que sel, chaux, plâtre, houille, etc).		219, 84

Mesures d'étendue.

		Kilom.
Mille (de 2000 Verges) . . . en kilomètres.		7, 5324

		Mèt.
Verge (de 12 pieds). . . . . . en mètres.		3, 7662
Pied (de 12 pouces).		0, 31385
Pouce (de douze lignes).		0, 02615

Mesures de surfaces.

		Mèt. car.
Verge carrée. . . . . . . en mètres carrés.		14, 1846
Pied carré.		0, 0985
Pouce carré.		0, 00068

		Hectare.
Jour, ou Arpent (180 Verges carr.) en hectar.		0, 2553
Verge carrée (144 pieds carrés).		0, 0141

		Myriamètre.
Mille carré, ou myriamètres carrés		0, 5673

Mesures de solidité.

		Mèt. cub.
Perche cubique. . . . . . en mètres cubes.		53, 4225
Pied cube.		0, 0309
Pouce cube.		0, 000018
Corde.		3, 3389

Monnaies.

		Fr.
Thaler (vaut 30 silber Groschen) en francs		3, 8095
Silber Groschen (vaut 12 Phennings).		0, 1270
Phenning.		0, 0105

(2) **Page 115.**

Les expériences de Hartig ont été faites avec la persévérance, la précision et l'intelligence qui distinguent ce prati-
cien célèbre, et rien n'autorise à douter que les résultats qu'il
indique ne soient en tout point applicables aux localités qu'il
a parcourues. Néanmoins on doit supposer aussi, à le voir
négliger un point de comparaison essentiel, qu'il n'a eu ni le
loisir ni l'occasion de s'occuper des essences feuillues traitées
en taillis ; cette question ne devrait être, en effet, que très
secondaire pour le but qu'il se proposait, parce qu'on n'élève
en Allemagne que très peu de taillis. En France, au contraire,
les futaies disparaissent tous les jours entre les mains des
particuliers ; celles qui échappent aux défrichemens sont,
lorsque le sol et la situation le permettent, exploitées à blanc
étoc, et converties en taillis à la plus courte révolution de
coupe possible. Il nous resterait donc, pour combler cette
lacune essentielle, à rechercher, si les exploitations des taillis
simples et même des taillis sous futaie, à de courtes révolutions, ne sont pas susceptibles *de produits en argent* plus inté-
ressans que les futaies. Pour jeter quelque jour sur cette
question entièrement neuve, il faudrait faire, dans notre climat et dans diverses localités où les prix et les usages du
bois varient à l'infini, de nombreuses expériences, et nous
aider d'une longue pratique. Nous aurions à examiner si tous
les sols sont également propres à l'industrie de la futaie, si
la croissance du bois sur un terrain aride ne se ralentit pas
sensiblement après une certaine période, si des révolutions
de coupe à courts intervalles ne viennent pas donner à cette
croissance une nouvelle action, et ne permettent pas de réaliser une succession de produits dont les intérêts accumulés
devront, après une période de 120 ans, entrer en ligne de
comparaison avec le produit intégral d'une futaie qui aurait
cru sur le même sol pendant le même espace de temps.

Sans préjuger en rien cette question, qu'il nous soit permis au moins de suspendre notre jugement jusqu'à ce qu'une plus longue pratique et des expériences plus nombreuses que nous avons pu recueillir jusqu'à ce jour nous aient permis de l'éclairer.

Néanmoins nous devons trouver les estimations de Hartig extrêmement modérées, et ne faire aucune difficulté de les appliquer, sinon quant aux produits en matière, au moins quant à la valeur des bois à la plupart de nos forêts françaises; ici, plus encore qu'en Allemagne, nous ne trouvons pas, dans les massifs exploitables, des arbres en aussi grand nombre qu'ils devraient être s'ils avaient été régulièrement traités, mais le bois s'y débite facilement à un prix plus élevé, et on l'utilise en plus forte proportion pour la charpente et l'industrie.

Quant aux repeuplemens artificiels, nous partageons entièrement l'opinion de l'auteur, et préférerons toujours, en tant que les circonstances le permettront, les bois résineux aux bois feuillus; d'une part, ces derniers sont très difficiles à élever et croissent très lentement jusqu'à l'âge de 12 à 15 ans; les repeuplemens sont toujours très coûteux, et surtout très chanceux, sur un sol de qualité médiocre et entièrement découvert; de l'autre, l'achat des graines résineuses et la préparation du terrain propre à recevoir le semis s'élèvent à un prix infiniment moindre que pour les essences feuillues. Les jeunes plants sont exposés à moins de dangers, croissent vite, et offrent, dès l'âge de 20 ans, un massif duquel on peut extraire des produits capables de couvrir et au delà les frais de repeuplement.

(3) Page 125.

En France, plus encore qu'en Allemagne, les futaies ont été soumises longtemps à des exploitations vicieuses; on peut même affirmer qu'il n'en existe aucune qui ait échappé au mode de furetage ou jardinage, et on trouverait difficilement un massif complet de 40 à 60 ans, à moins que le hasard ne l'ait produit et épargné. C'est en Allemagne que nous avons puisé les saines doctrines forestières, et nous n'en avons longtemps possédé que les principes, qu'un petit nombre de forestiers français avaient recueillis dans ce pays pendant l'occupation des armées de l'Empire.

Plus tard ces principes ont été réunis en corps de doctrine, et propagés à l'École forestière fondée par le gouvernement en 1825. Les élèves de cette école sont répandus aujourd'hui sur tous les points de la France, et s'appliquent partout à régénérer les forêts dont l'administration leur est confiée, et surtout à ramener les futaies à un état plus régulier. On trouverait très difficilement aujourd'hui à faire en France des expériences analogues à celles de Hartig, parce qu'on n'y rencontre que des bois de divers âges mélangés ou surmontés, et qu'il importe avant tout de porter remède à cette irrégularité.

APERÇU des Produits périodiques en bois d'un arpent de Prusse, sur un bon terrain, lorsque, dès sa jeunesse, la forêt présente un état normal et qu'elle est ensuite traitée d'après les règles de l'économie forestière.

ÉCLAIRCIES PÉRIODIQUES. — *SANS COMPTER LES FAGOTS* (colonnes 1re classe).

ESSENCE.	TERRAIN.	AGE auquel out lieu les ÉCLAIRCIES. (Années.)	1re CLASSE. Nombre de (Perches.)	1re CLASSE. Qui donnent (Pieds cubes.)	2e CLASSE. Nombre de (Perches.)	2e CLASSE. Qui donnent (Pieds cubes.)	3e CLASSE. Nombre de (Perches.)	3e CLASSE. Qui donnent (Pieds cubes.)	Bois de construction à 75 pieds cubes (La Corde.)	Bois de quartier à 75 pieds cubes (La Corde.)	gros Bois de rondins à 60 pieds cubes (La Corde.)	petit Bois de rondins à 50 pieds cubes (La Corde.)	Bois de souche à 40 pieds cubes (La Corde.)	Soixantaine de fagots à 30 pieds cubes (La Soixantaine.)	TOTAL. (Pieds cubes.)
CHÊNE.	Terrain et exposition convenables au Chêne, se rapportant à la 1re classe de terrain propre aux céréales.	20	—	—	—	—	—	—	—	—	—	—	—	4	120
		30	—	—	—	—	—	—	—	—	—	—	—	6	180
		40	400	» 1/4	—	—	—	—	—	—	—	1 1/2	—	2	135
		60	200	1	200	» 1/2	—	—	—	—	—	6	—	2	360
		80	100	1 3/4	—	—	—	—	—	—	—	3 1/4	—	» 1/2	190
		100	150	4	—	—	—	—	» 1/4	—	6	4 1/2	—	1 1/2	650
		120	50	30	50	26	50	14	21	21	5	1 1/4	6	8	3992
	En 120 ans, Total……		—	—	—	—	—	—	21 1/4	21	11	16 1/2	6	24	5627
HÊTRE.	Terrain et exposition convenables au Hêtre, et se rapportant à la 1re classe de terrain propre aux céréales.	20	—	—	—	—	—	—	—	—	—	—	—	4	120
		30	—	—	—	—	—	—	—	—	—	—	—	6	180
		40	400	» 1/3	—	—	—	—	—	—	—	1 3/4	—	2	148
		60	200	1 1/2	200	» 3/4	—	—	—	—	1	8	—	1	490
		80	100	2	—	—	—	—	—	—	2 1/2	1	—	» 1/2	215
		100	150	4 1/2	—	—	—	—	—	—	8	4	—	1 1/2	725
		120	50	36	50	30	50	18	1	50	5	1 1/2	8	9	4790
	En 120 ans, Total……		—	—	—	—	—	—	1	50	16	16 1/4	8	24	6668
BOULEAU.	Terrain et exposition convenables au Bouleau, 1re classe de terrain propre aux céréales.	20	—	—	—	—	—	—	—	—	—	—	—	4	120
		30	600	» 1/2	—	—	—	—	—	—	—	—	—	4	180
		40	300	1	—	—	—	—	» 1/4	—	—	—	—	3	320
		60	50	16	150	10	100	2	1	27	5	8	4	5	2810
	En 60 ans, Total……		—	—	—	—	—	—	1 1/4	27	5	8	4	16	3430
	En 120 ans, Total……		—	—	—	—	—	—	2 1/2	54	10	16	8	32	6860
AUNE.	Terrain et exposition convenables à l'Aune.	20	—	—	—	—	—	—	—	—	—	—	—	4	120
		30	600	» 1/2	—	—	—	—	—	—	—	—	—	6	305
		40	200	1 1/4	—	—	—	—	—	—	—	—	—	3	290
		60	100	16	100	10	200	2	1	32	7	8 1/2	5	7	3405
	En 60 ans, Total……		—	—	—	—	—	—	1	32	7	8 1/2	5	20	4120
	En 120 ans, Total……		—	—	—	—	—	—	2	64	14	17	10	40	8240
PIN.	Terrain et exposition convenables au Pin, se rapportant à la 2e classe de terrain propre aux céréales.	20	—	—	—	—	—	—	—	—	—	—	—	8	240
		30	400	» 1/6	—	—	—	—	—	—	—	1	—	4	170
		40	200	» 1/3	—	—	—	—	—	—	—	1	—	1 1/2	96
		60	300	1 1/4	—	—	—	—	» 1/4	—	—	7	—	1	400
		80	100	4	—	—	—	—	» 1/2	—	4	2 1/4	—	1	435
		100	50	12	—	—	—	—	1 1/2	5	2 1/4	—	—	1 1/2	645
		120	50	50	50	30	50	20	30 1/2	30 1/2	5	2 1/2	11	6	5840
	En 120 ans, Total……		—	—	—	—	—	—	32 3/4	35 1/2	11 1/4	13 1/4	12	23	7825
ÉPICÉA.	Terrain et exposition convenables à l'Épicéa, se rapportant à la 2e classe de terrain propre aux céréales.	20	—	—	—	—	—	—	—	—	—	—	—	3	90
		30	—	—	—	—	—	—	—	—	—	—	—	10	300
		40	600	» 1/3	—	—	—	—	—	—	—	2	—	2 1/2	195
		60	400	1 1/4	—	—	—	—	—	—	» 1/2	9	—	2	518
		80	100	5	—	—	—	—	—	—	1	2 1/2	—	1 1/2	515
		100	100	9	—	—	—	—	—	—	3	4	—	2	965
		120	50	70	50	50	100	30	55	55	9	4	20	22	10450
	En 120 ans, Total……		—	—	—	—	—	—	59 1/2	59	19	19 1/2	20	43	13093

RÉSERVES DOMINANTES RESTÉES SUR PIED.

ESSENCE.	AGE. (Années.)	1re CLASSE. Nombre de (Perches.)	1re CLASSE. Qui donnent (Pieds cubes.)	2e CLASSE. Nombre de (Perches.)	2e CLASSE. Qui donnent (Pieds cubes.)	3e CLASSE. Nombre de (Perches.)	3e CLASSE. Qui donnent (Pieds cubes.)	TOTAL des (Perches.)
CHÊNE.	20	—	—	—	—	—	—	—
	30	400	1 1/2	400	» 1/3	400	» 1/6	1200
	40	400	2	200	» 2/3	200	» 3/7	800
	60	150	7	150	2 1/2	100	1	400
	80	100	12	50	8	150	3 1/4	300
	100	50	20	50	18	50	10	150
	120	—	—	—	—	—	—	—
	En 120 ans, Total……	Ou annuellement 46 7/8 pieds cubes, y compris les fagots et le bois de souche.						
HÊTRE.	20	—	—	—	—	—	—	—
	30	300	1 3/4	300	» 3/4	600	» 1/5	1200
	40	300	2 1/4	300	1	200	» 1/2	800
	60	150	8	150	3	100	1 1/2	400
	80	100	14	50	10	150	3 1/4	300
	100	50	24	50	20	50	14	150
	120	—	—	—	—	—	—	—
	En 120 ans, Total……	Ou annuellement 55 5/13 pieds cubes, y compris les fagots et le bois de souche.						
BOULEAU.	20	200	1	200	» 1/2	800	» 1/4	1200
	30	100	4	100	2	400	» 3/4	600
	40	50	10	150	5 1/2	100	1 1/2	300
	60	—	—	—	—	—	—	—
	En 60 ans, Total……							
	En 120 ans, Total……	Ou annuellement 57 1/6 pieds cubes, y compris les fagots et le bois de souche.						
AUNE.	20	200	1	200	» 1/2	800	» 1/4	1200
	30	100	5	100	2	400	1	600
	40	100	10	100	6 1/2	200	1 1/2	400
	60	—	—	—	—	—	—	—
	En 60 ans, Total……							
	En 120 ans, Total……	Ou annuellement 68 1/3 pieds cubes, y compris les fagots et le bois de souche.						
PIN.	20	150	2 1/2	150	1	900	» 1/6	1200
	30	150	4	150	2	500	» 1/4	800
	40	150	8	150	3	300	» 2/3	600
	60	50	20	100	12	150	3 1/4	300
	80	50	30	100	16	50	8	200
	100	50	40	50	22	50	18	150
	120	—	—	—	—	—	—	—
	En 120 ans, Total……	Ou annuellement 65 1/3 pieds cubes, y compris les fagots et le bois de souche.						
ÉPICÉA.	20	—	—	—	—	—	—	—
	30	200	2	200	1	1000	» 1/5	1400
	40	200	8	200	4	400	» 3/4	800
	60	100	16	100	14	200	5	400
	80	100	32	100	20	100	7	300
	100	50	50	50	42	100	24	200
	120	—	—	—	—	—	—	—
	En 120 ans, Total……	Ou annuellement 109 1/10 pieds cubes, y compris les fagots et le bois de souche.						

APERÇU des Produits en matière et en argent que fournissent les Éclaircies périodiques dans des Bois peuplés des Essences suivantes.

ESSENCE.	TERRAIN.	ÂGE auquel ont lieu LES ÉCLAIRCIES. Années.	ÉCLAIRCIES PÉRIODIQUES. BOIS de construction à 75 pieds cubes la corde.	BOIS de quartier à 75 pieds cubes la corde.	GROS BOIS de rondins à 60 pieds cubes la corde.	PETIT BOIS de rondins à 50 pieds cubes la corde.	BOIS de souche à 40 pieds cubes la corde.	FAGOTS à 30 pieds cubes par soixantaine.	PRODUIT EN ARGENT. R.Th.	S.Gr.	Ph.
CHÊNE.	Terrain et exposition convenables au Chêne.		7 R.Th. 15 S.Gr. la corde.	3 R.Th. 3 S.Gr. 9 Ph. la corde.	2 R.Th. 15 S.Gr. la corde.	2 R.Th. 2 S.Gr. 6 Ph. la corde.	1 R.Th. 7 S.Gr. 6 Ph. la corde.	25 S.Gr. la soixantaine.			
		20	—	—	—	—	—	4	3	10	—
		30	—	—	—	—	—	6	5	—	—
		40	—	—	—	1 1/2	—	2	4	23	9
		60	—	—	—	6	—	2	14	5	—
		80	—	—	6	3 1/4	—	» 1/2	7	5	8
		100	» 1/4	—	6	4 1/2	—	1 1/2	27	15	—
		120	21	21	5	1 1/4	8	8	252	11	11
En 120 ans..........			21 1/4	21	11	16 1/2	6	24	314	11	4
Par an......									2	18	7 2/15
HÊTRE.	Terrain et exposition convenables au Hêtre.		5 R.Th. 18 S.Gr. 9 Ph. la corde.	3 R.Th. 22 S.Gr. 6 Ph. la corde.	3 R.Th. la corde.	2 R.Th. 15 S.Gr. la corde.	1 R.Th. 15 S.Gr. la corde.	1 R.Th. la soixantaine.			
		20	—	—	—	—	—	4	4	—	—
		30	—	—	—	—	—	6	6	—	—
		40	—	—	—	1 3/4	—	2	6	11	3
		60	—	—	1	8	—	1	24	—	—
		80	—	—	2 1/2	1	—	» 1/2	10	15	—
		100	—	—	8	4	—	1 1/2	35	15	—
		120	1	50	5	1 1/2	8	9	232	26	3
En 120 ans..........			1	50	16 1/2	18 1/4	8	24	319	7	0
Par an......									2	19	9 3/4
BOULEAU.	Terrain et exposition convenables au Bouleau.		4 R.Th. 5 S.Gr. la corde.	2 R.Th. 24 S.Gr. 4 Ph. la corde.	2 R.Th. 7 S.Gr. 6 Ph. la corde.	1 R.Th. 26 S.Gr. 3 Ph. la corde.	1 R.Th. 3 S.Gr. 9 Ph. la corde.	22 S.Gr. 6 Ph. la soixantaine.			
		20	—	—	—	—	—	4	3	—	—
		30	—	—	—	2	—	4	6	22	6
		40	» 1/4	—	—	4	—	3	10	23	9
		60	1	27	5	2	4	5	103	6	6
En 60 ans..........			1 1/4	27	5	8	4	16	123	22	9
En 120 ans..........			2 1/2	54	10	16	8	32	247	15	6
En 1 an......									2	1	10 11/20
AUNE.	Terrain et exposition convenables à l'Aune.		3 R.Th. 22 S.Gr. 6 Ph. la corde.	2 R.Th. 15 S.Gr. la corde.	2 R.Th. la corde.	1 R.Th. 20 S.Gr. la corde.	1 R.Th. la corde.	20 S.Gr. la soixantaine.			
		20	—	—	—	—	—	4	2	20	—
		30	—	—	—	2 1/2	—	6	8	5	—
		40	—	—	—	4	—	3	8	20	—
		60	1	32	7	2	5	7	110	22	6
En 60 ans..........			1	32	7	8 1/2	5	20	130	7	6
En 120 ans..........			2	64	14	17	10	40	280	5	—
En 1 an......									2	5	1 1/2
PIN.	Terrain et exposition convenables au Pin.		5 R.Th. 18 S.Gr. 9 Ph. la corde.	2 R.Th. 24 S.Gr. 4 Ph. la corde.	2 R.Th. 7 S.Gr. 6 Ph. la corde.	1 R.Th. 26 S.Gr. 3 Ph. la corde.	1 R.Th. 3 S.Gr. 9 Ph. la corde.	22 S.Gr. 6 Ph. la soixantaine.			
		20	—	—	—	—	—	8	6	—	—
		30	—	—	—	1	—	4	4	26	3
		40	—	—	—	1	—	1 1/2	3	—	—
		60	» 1/4	—	—	7	—	1	15	8	5
		80	» 1/2	—	4	—	—	1 1/2	17	4	9
		100	1 1/2	5	2 1/4	2 1/4	—	1 1/2	26	20	9
		120	30 1/2	30 1/2	5	2 1/2	12	12	295	22	3
En 120 ans..........			32 3/4	35 1/2	11 1/4	13 3/4	12	29 1/2	386	22	2
Ou par an....									3	2	2 13/60
ÉPICEA.	Terrain et exposition convenables à l'Épicéa.		5 R.Th. la corde.	2 R.Th. 15 S.Gr. la corde.	2 R.Th. la corde.	1 R.Th. 20 S.Gr. la corde.	1 R.Th. la corde.	20 S.Gr. la soixantaine.			
		20	—	—	—	—	—	8	2	—	—
		30	—	—	—	—	—	10	6	20	—
		40	—	—	—	2	—	2 1/2	5	—	—
		60	» 1/2	—	—	0	—	2	18	25	—
		80	1	—	5	2 1/2	—	1 1/2	20	5	—
		100	3	4	5	2	—	2	39	20	—
		120	55	55	9	4	20	22	471	25	—
En 120 ans..........			59 1/2	59	19	19 1/2	20	43	564	5	»
En 1 an......									4	21	» 1/2